老鼠偵探主要角色介紹

熊貓博士

是一位智者，學問淵博。他有四名出色的弟子米奧、三弟子黑客和小師妹九尾狐。查理是眾弟子中最有頭腦的一個，米奧驕傲自滿，但心地善良。黑客和九尾狐聰明機智，但喜歡不勞而獲，常利用自己的小聰明進行不法的勾當，但有點同情心，暗中會捐錢行善。

查理（外號：大食鼠）

是偵探社的老闆，是全香村最聰明的偵探。他沉著冷靜，憑著天生敏銳的觀察力，屢破奇案。但弱點是太過喜歡吃喝玩樂，有時會耽誤查案的進度；他只愛動腦，不愛動手，遇到危險時，要米奧出手營救。

米奧（外號：大優）

是查理的助手。他很喜歡看福爾摩斯的偵探小說，自稱「福爾摩貓」，他經常自恃有點小聰明，自以為是，結果經常闖禍。米奧身型肥胖，但勝在行動敏捷，是空手道黑帶，自創「刁手道」。

華探長（外號：老虎狗）

生於警察世家，長大後順理成章加入警隊。但他對查案捉賊不感興趣，又不愛動腦筋，經常依賴好朋友查理替他破案。

黑客（外號：人狼）

是犯案纍纍的大賊，太太是香村惡名遠播的女飛賊九尾狐。有時黑客會單獨犯案，有時會與九尾狐一齊出動。他精通電腦，愛玩高科技產品，擅長用電腦及資訊科技犯案。他追求高科技、高質素的生活，他認為安坐家中，一邊看高清電視，一邊呷著飲酒，是人生一大樂事。

九尾狐（外號：臭狐）

九尾狐與黑客是香村公認的賊公賊婆，黑客喜歡用電腦犯案，九尾狐就擅長易容，並化身為不同的身份去偷竊，以避過警方的追捕。她熱愛名牌、崇尚珠寶美鑽。她的死穴是身上那驅不散的狐臭，所以，一種能徹底辟臭、回復體香的香水是她一生追求的目標。另一方面，九尾狐又好像一般師奶一樣喜歡煲劇，最愛躺在電視機前看盡中外影片和電視劇。

出版：超媒體出版有限公司

Printed and Published in Hong Kong 版權所有‧侵害必究

熊貓博士是一位智者，學問淵博，智慧過人，他有四名弟子，分別是查理、米奧、黑客和九尾狐。他傾盡畢生的功力訓練這四名弟子，希望他們除了除暴安良，警惡懲奸外，還要教育大眾，提升整體的科學常識，帶領香村順利過渡至知識型社會。

查理是眾弟子中最有頭腦的一個，他學滿師後投身警隊，是警隊的精英，是盜賊的剋星！但查理愛好自由，最愛四圍吃喝玩樂，警察要隨時候命的工作模式令他很受束縛，於是，他毅然離開警隊，開辦了一間「通天偵探社」，繼續為民請命破奇案。此外，查理又會利用自己豐富的科學知識，拆解民間不法份子五花八門的騙局，成功保護市民的財產。

故事中，不得不提一個重要角色，就是華探長，他是查理的前警隊同事。他個性懶惰，沒有好好學會查案的本領，又不學無術，科學常識異常貧乏，結果往往被罪犯牽著鼻子走，甚至一些掩眼法的雕蟲小技都可以把華探長愚弄得團團轉。幸好有查理的幫忙，華探長才能化險為夷。

至於熊貓博士另外兩個弟子——黑客和九尾狐，他們畢業後結成夫婦，但因心術不正，把學到的本領來幹盡壞事。查理和米奧看不過眼，與黑客和九尾狐智鬥連場，展開一幕幕驚險的激鬥場面。

目錄

1. 飛得更遠

「我一定要飛得最遠!」米奧出盡貓力,把全身的勁力集中在手臂上,然後發力一推,把紙飛機向天空擲去。

「嘩,米奧哥哥的紙飛機飛得很遠啊!」看台上的小朋友們拍爛手掌,為米奧高叫狂呼。

輪到查理表演了。

查理沒有武功底子,力氣又不夠米奧大,眾人都覺得查理勝算低,他擲的飛機很難飛得遠過米奧。

米奧不服輸

可是,奇蹟出現了!

查理右手輕輕一揚,以不費吹灰之力就把手上的紙飛機擲到更遠的位置,成功打破了米奧的紀錄。

米奧不敢相信自己的眼睛,嚇得從座位跌了下來。

「怎麼可能!師兄手無搏雞之力,右手揚一揚,竟可令紙飛機飛得比我還要遠?查理一定是出千!」米奧不服氣地說。

米奧怒吼,嚇得在場的小朋友鴉雀無聲。

「米奧,你嚇壞小朋友了!我們這次來做義工,是為孤兒院的小朋友帶來歡樂,看!你現在不是帶來驚喜,是帶來驚嚇!」查理斥責道。

查理的話如同當頭棒喝,令米奧感到很羞愧。

「對不起,各位小朋友,我剛才的反應嚇壞你們了。是我太小器了,因我不服輸,竟無故在這裡發脾氣。」米奧向小朋友們道歉。

「米奧,我的紙飛機雖然飛得遠過你,但我沒有出千,你都可以辦得到!」查理自信地說。

「怎辦到的?」米奧立即問。

「秘密就在紙飛機的摺法,只要懂得摺飛機的技巧,飛機可以飛得很遠。」查理解釋道。

科學小解釋

現在就由查理教大家摺一架飛得又高又遠的紙飛機吧!

1. 首先要選用輕身的紙，飛機越輕，越能對抗令飛機掉下的地心吸力。

2. 機翼負責提供升力，機翼面積越大，所產生的升力就越大。

3. 為求令紙飛機在空氣中滑翔更久，就必須減低任何形成阻力的可能性。因此，機身不能散開，最好把兩邊機翼用膠紙貼緊。

4. 左右兩邊機翼要對稱，紙飛機若不對稱，不會飛得順暢。

5. 紙飛機雙翼應微微向上傾，由機頭方向看，飛機應該略呈 Y 形。在雙翼邊緣加上小翼，可以減少阻力。

6. 在機頭加一個萬字夾，有助飛機突破空氣的阻力，全力向前衝。

7. 把紙飛機水平線飛出，輕輕一揚，已有 5 米遠。

5 米

2. 拉不開的雜誌

黑客科學知識豐富，常故弄玄虛來戲弄米奧，米奧見到他猶如鬼見愁一樣，走為上著，但往往給黑客逮個正著，逃脫不了。

黑客的惡作劇

「米奧，你不是武功高強，貓爪奇技無人匹敵的嗎？這裡有兩本雜誌，若你成功把它們扯開的話，我馬上拜你為師，任你差遣！」

「扯開兩本雜誌而已，小兒科啦，黑客不是要為難我嗎？為甚麼要我做這低難度動作呢？」米奧嘀咕道。

米奧沒有繼續思索下去，只想趕快把兩本雜誌扯開後，打發黑客這個「瘟神」離開。可是，難題來了，無論米奧如何死命地出力，也無法把兩本雜誌扯開。看著米奧狼狽的神情，黑客騎騎地譏笑起來。「原來所謂武林高手都是浪得虛名，米奧，勸你別再開班授徒教功夫了，把武館關門大吉吧！」黑客說完，就仰天狂笑，米奧無地自容，只好悻悻然離開。

科學小解釋

其實，黑客帶來的兩本雜誌是做了手腳。兩本雜誌各有 116 頁，他預先把兩本雜誌翻開，黑客和太太九尾狐「你一頁、我一頁」，一頁頁地交叉疊在一起。

別以為紙張表面很光滑，在顯微鏡下可見，紙張表面其實很粗糙的，若互相疊著，會造成紙張之間強大的摩擦力。尤其是黑客的兩本雜誌均逾 100 頁，互相疊了這麼多頁後，每頁接觸面的摩擦力則越大，需要拉開的力度就更大了。

1. 準備兩本雜誌，分別是 A 書和 B 書。

2. 把 A 書第一頁疊在 B 書第一頁上；接著，把 A 書第二頁疊在 B 書第二頁上。

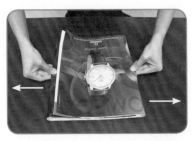

3. 如此類推，把全本雜誌逐頁互相疊著。

4. 每頁的接觸面都有摩擦力，互相疊了這麼多頁後，需要拉開的力度就更大了。誇張點說，扯大攬也扯唔開！

3. 冷氣機 D.I.Y

「甚麼？要明天才安排到人員來維修？沒有冷氣機的日子，一小時也嫌太久吧！」米奧的聲線扯高八度地呼喊道。

「對不起，因為今天是公眾假期，我們現在安排不到維修師傅到貴公司，最快都要明天早上 11 點。」接線生說。

「真可惡！」憤怒的米奧「啪」一聲掛斷了電話。

他看著網上的黃頁，繼續致電給其他冷氣機維修公司，但得到的答案同樣是第二天才有師傅上門維修。米奧垂頭喪氣，無力地扒在枱上喘氣。

米奧不耐煩了

「米奧，沒聽過心靜自然涼嗎？」查理悠閒地坐在大班椅上道。

「沒聽過！我只聽過有人說：『沒冷氣機的日子比死更難受！』」米奧不耐煩地說。

「我正閱讀一本精彩的偵探小說，你的聲音很吵耳，安靜點好嗎？」查理說完，馬上用手指塞著兩邊耳朵。

「我受不了，我要再打電話，直至找到有師傅肯即時上來維修為止。」米奧又動手打電話了。

「或者你外出走走看，室內不夠通風，會比較熱。」查理建議道。

「外面 38 度高溫啊！38 度啊！待在外面一刻鐘，我會魂歸天國。我寧願躲在室內好一點。」米奧氣得直跺腳。

自製冷氣機

「唉，怕了你，讓我造一台『冷氣機』給你。」查理放下書本，動手找工具。

「甚麼？你造一台『冷氣機』給我？」米奧用耳挖刮了一下耳窩，懷疑自己聽錯了。

「你稍安無躁，看我怎樣做。」查理說完，就摺起衫袖，把露台的晾衫架搬入大廳，接著，掛上一塊特大的濕毛巾，再在背後開動一台電風扇，馬上涼風習習。

涼風吹到米奧身上，令米奧怒氣全消，開心不已。

「師兄，你果然是全世界最聰明的偵探，竟然可以自製『冷氣機』，太了不起了！」米奧擁著查理搖晃，還激動到在他臉頰親吻了一下。

查理鼠毛發直，用力推開米奧，罵道：「別這樣好嗎？你熱壞腦袋了？」

科學小解釋

濕毛巾上的水在蒸發的過程中，會吸走空氣中大量熱量，令空氣變冷。電風扇把變冷的空氣吹向米奧，米奧自然覺得涼風習習。

4. 慶功宴

每逢查理偵探破了一宗大案，都會去吃一頓豐盛的晚餐來慰勞自己的「五臟廟」。前天，查理偵探偵破了一宗轟動全城的珠寶失竊案，米奧這天一回到辦公室，就馬上翻閱飲食雜誌，物色餐廳，準備訂位。

「是報紙打錯字？還是我『貓』眼昏花？」米奧大叫起來，還差點從椅子上掉了下來。

「何故大驚小怪？」查理問。

「師兄，你看！紙——火——鍋。」米奧把廣告遞給查理。

「有何出奇？」查理繼續問。

把紙造的鍋子放在火上燒，鍋子竟沒被燒著，為甚麼？

「紙火鍋啊，紙哪裡能抵得過火焰的燃燒？」米奧說時瞪大眼睛。

「誰說不能！我也吃過紙火鍋，把紙造的火鍋鍋子放在火上面燒，紙鍋裡面還可以放湯料和火鍋料呢！」查理說起那次吃紙火鍋的回憶，不禁舔舔舌頭。

「紙放在火上面燒，還要放湯和火鍋料，真不可思議！今次慶功，就選這間餐廳吧，我今晚要試試紙火鍋這個玩意。」米奧說時一臉期待。

科學小解釋

紙鍋為甚麼可以放在火上烹煮呢？大家齊來做這個實驗吧！

將一個裝了水的紙鍋放在蠟燭上，而紙鍋不會被燃燒，原因是水的沸點為100°C，只要紙鍋中的水沒有被燒乾，水就會不斷吸收火的熱能，令紙的溫度無法超過100°C，達不到紙的燃點160°C，因此，紙不會燃燒起來。

不過，大家要注意：紙火鍋的紙必須經過特殊處理，才可以長時間熬煮。尚若紙的厚度不夠，熬煮時又用筷子去攪動紙鍋，紙鍋很容易破穿，導致熱湯溢出，發生意外。

5. 靜電的威力

這天氣溫只得 9 度，雖然查理和米奧已穿了加厚的綿衣，但仍冷得鼻水直流。

查理遞了一份文件給米奧，說：「米奧，我要影印一式三份。」

「好的，無問題。」米奧飛身一躍，跑到查理面前接過文件。

「哎喲！我被你電到啦！」米奧雙手一縮，手上的文件馬上散落一地。

「米奧，我們正在工作，你在玩甚麼？這份文件尚未編排頁碼的，已散落一地，真糟糕了！」查理生氣地說。

「是你在玩耍！你為甚麼要拿暗器電擊我啊？」米奧反駁道。

「誰有空拿暗器電擊你！我為這宗珠寶失竊案煩惱了大半天，怎有心情作弄你！」查理不甘示弱，大聲還擊。

「我在你手上接過文件時，明明感應一下電擊，我才本能地縮手。」米奧

大聲伸冤。

查理思索了一會，然後，拍了一下額頭，道：「哎，我明白了！平時叫你多讀科學圖書，你又左耳入右耳出，結果，一些平常事你都會大驚小怪。」

「是甚麼平常事？」米奧不解地問。

科學小解釋

其實，米奧是被查理衣物上的靜電所電到。

衣物之所以會產生靜電，是因為我們平日活動時不斷磨擦衣服所致。而夏天因為濕氣重，靜電可以伴隨空氣中的水份離開衣物。至於冬天的時候，天氣乾燥，空氣中的水份較少，靜電便會失去水份作為媒介離開衣物，當米奧碰到查理的衣物時，就被查理衣服上的靜電所電到。

不想衣物的靜電電到他人？大家可試試在衣物口袋裡放入一枚電池，由於電池是金屬，容易導電，衣物上的靜電就會被電池中和，靜電消失了，就不用害怕會電到其他人啦！

各位小朋友，大家有沒有發現：在乾燥的冬天梳頭時，梳子和頭髮互相摩擦，靜電會讓頭髮都飛了起來，結果頭髮越梳越亂？齊來試玩一個的實驗，用身上的衣服摩擦氣球幾遍，然後把氣球放在頭上，你會發現頭髮馬上飛起來，吸附在氣球上。（注意：要在乾燥的寒冷天氣下進行這實驗，你才能真實感受一下靜電的威力。）

1. 展開報紙，把報紙平鋪在牆上，用膠間尺在報紙表面來回摩擦。

2. 報紙就像黏在牆上一樣掉不下來。

3. 掀起報紙的一角，然後鬆手，被掀起的角會被牆壁吸回去。把報紙慢慢地從牆上揭下來，注意傾聽靜電的聲音。

6. 愚弄人的圖案

「喂！華探長，怎麼沒精打彩的樣子，在想甚麼？」查理用力拍一下前面「華探長」的肩膊。

「華探長」猛然回頭一看，查理發現自己認錯人了。

「你叫誰啊？」那人愕然地問。

「對不起，我認錯了你是我的朋友。」查理一發現自己認錯人，馬上賠不是。

身旁的米奧目睹整個過程，笑得人仰馬翻。

「哈——！你竟然認錯自己的老朋友，你有近視啊，快去配眼鏡了！」米奧掩著嘴笑道。

「不是近視，是錯覺，他的身高與華探長一樣，又穿起相同款式和顏色的乾濕褸，從背面上看與華探長很相像。」查理紅著臉辯解。

「我一眼就看得出他不是華探長，你未老先衰，這麼年輕就老眼昏花了？」米奧繼續取笑查理道。

查理反了一下白眼，說：「米奧，別這麼得戚，看看以下的圖片，a 線長一點，還是 b 線長一點？」查理問。

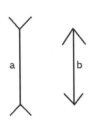

米奧瞄了兩眼，馬上說：「哪還用問？一看就知是 a 線長一點啦！」

查理搖搖頭，說：「錯！a 線和 b 線都是一樣長。」

正當米奧想反駁之際，查理繼續問：「下面的橫線是平行線嗎？」

「一些橫線向上斜，一些橫線向下斜，怎會是平行線？」米奧回答。

「錯錯錯！這些橫線全是平行線！」

「那怎麼可能！」米奧對查理的答案難以置信。

「哈哈哈！米奧，你也有近視，一起去配眼鏡吧！」查理成功考倒了米奧，不禁哈哈大笑。

科學小解釋

其實，米奧不是患有近視，只是他的大腦被「狡猾」的圖案愚弄了。

所有的物體影像投射到我們的視網膜後，會再經視覺神經傳送到大腦，這時我們才真正看到物體的形狀和顏色。由於期間包含非常多神經細胞的訊號傳遞，因此，會有訊號延遲的現象，尤其是當我們的眼睛沒有聚焦的時候，視覺神經會交替收集所有在視線內的訊號，一些密集而交錯的圖像很容易令人產生錯覺。

你試盯著下圖凝望十秒，會覺得圖案在動？

雙眼注視著下圖中間的圓圈，頭部快速地向上下左右晃動，你發現圖中的黑白方塊也在移動！

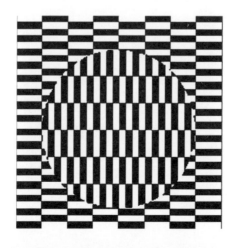

7. 求神拜佛

不知從哪天開始，每逢傍晚六點，查理偵探社門外就會傳來一陣陣煙薰味。

「慘啦，隔離陳生又在燒香了！」燒薰味引發查理頭痛發作，他雙手狂抓着頭皮。

「隔離陳生不單止燒香，還燒元寶衣紙，搞到走廊濃煙密佈。」米奧用衣夾捏在鼻子上，一邊用口呼吸一邊說話。

「陳生開貿易公司，不是開廟宇，幹嗎天天拜神！」查理說完，馬上戴上口罩。

「我打聽過，陳生最近一年的歐美訂單少了一大截，生意大縮水，自此就開始求神拜佛，希望有轉機，咳咳咳──！」米奧嘴巴吸入大量濃煙，不禁咳嗽起來。

「你學我戴口罩吧！我抽屜裡還剩下一個未用，你拿去吧！如果陳生繼續晚晚燒香，怕且我要向藥房大量購入口罩備用了。」查理嘆了一口氣，繼續低頭看文件。

晚晚燒香　求神庇祐

突然，門外傳來呼救聲。

「火啊──！好大火啊！救火啊！救火啊！」

米奧翻了個筋斗，從椅子上跳起來，迅速打開大門看個究竟。門一打開，只見走廊火光紅紅，鐵桶裡燃著 5 尺高的熊熊火焰，陳生驚惶失措，並試圖用外套撲火，火勢卻越撲越大。

「行開──行開──全部行開！」米奧一聽，就認得出這是查理的聲音。

米奧扭頭一看，只見查理雙手握着一個瓶子，不停搖晃，大拇指一直緊按着瓶口，突然，他鬆開瓶口，瓶裡的白色泡沫飛射出來，向火焰迸發，不消幾秒，鐵桶裡的火被撲息。

十萬火急　自製滅火筒救火

很神奇的泡沫啊！

「滅火筒來了──！」年邁的看更伯伯抬着滅火筒蹣跚地走過來，看見火種已被撲滅，不禁一怔。

「滅火筒還未到，查理偵探已撲熄火種了，原來，你除了查案叻，救火都很捧啊！」對面辦公室徐經理讚歎道。

查理臉紅紅，吃吃地笑說：「舉手之勞而已，大家同一層樓，總算是同坐一條船，互相幫忙吧！」

「查理偵探，究竟剛才玻璃瓶裡飛射出來的東西是甚麼？它好像滅火筒一樣厲害啊！」站在徐經理身旁的羅秘書不解地問。

「它是白醋和梳打粉的混合物。做法好簡單！我用了一份白醋和三份水，即是把 200cc 白醋和 600cc 水倒進瓶裡。另外，在小碗裡倒進梳打粉，與水混和，把梳打粉水倒進玻璃瓶。這時，要用手指緊緊封着瓶口，對着火焰鬆開手指，瓶裡的混合物就會噴射出來，把火種撲滅了。」

經過查理精彩的解說後，大家不約而同拍掌叫好。

有危有機　不要放棄

查理偵探微微鞠躬致意，然後走過去拍了一下陳生的肩膊。

陳生幾乎弄到大廈失火，非常愧咎，思緒陷入深深的內咎中，冷不防被查理拍一下，整個人嚇得跳起來。

「陳生，不要再燒香了，與期求神拜佛，不如返回現實，努力尋找機會。事在人為，只要肯發掘不同的機會，循不同的地方發展，相信絕處都有轉機的。」查理安慰道。

以下會教大家利用梳打粉和白醋自製滅火器：

1. 準備白醋、梳打粉、膠樽和小杯

2. 倒 200cc 白醋進瓶口細小的空樽裡。

3. 倒 600cc 水入空樽裡。

4. 在一個小杯裡倒進水和梳打粉，梳打粉的份量要多，多到無法與水拌勻。

5. 起火啦！火勢越來越猛，怎辦好？不用怕！把梳打粉溶液倒進加了醋的水樽裡。

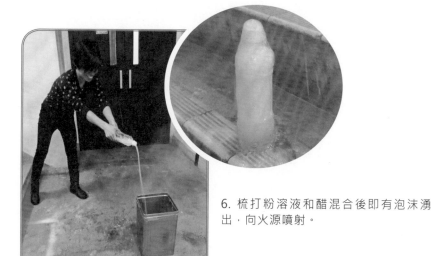

6. 梳打粉溶液和醋混合後即有泡沫湧出，向火源噴射。

7. 話咁快！火種已熄滅！

　　這個原理很簡單！空氣中的氧氣可以助長火勢燒得更旺，梳打粉是碳酸氫鈉，與白醋混合後，會產生大量粉末，把這些粉末大量向火源噴射，可以隔絕空氣，火源就失去空氣助燃的動力；另外，碳酸氫鈉遇到高溫因而分解，釋出大量的二氧化碳，二氧化碳的密度比氧氣大，可隔絕空氣中的氧氣，故有滅火的功效。

8. 燒不破的手帕？

「米奧！一定是你！你竟然夠膽將我這條名貴的手帕『辣』出一個燒孔！」九尾狐一邊大叫大嚷，一邊追着米奧。

米奧躲着九尾狐的追捕，氣來氣喘地說：「不是我『辣』壞的啊……」

九尾狐憤恨地跺了一下腳，說：「你給我站住！」

查理一去到熊貓博士的研究室，便聽到九尾狐和米奧大吵大嚷，不禁皺起了眉頭，問：「究竟發生甚麼事？」

九尾狐聽到查理的問話，冷哼了一聲，說：「你的好師弟將我這條名貴的手帕燒破了！」

米奧立即搖着頭撇清自己的關係，說：「不是我燒破的！明明是熊貓博士要我們做一個火燒手帕的實驗，是九尾狐故意將一條燒破了的手帕給我，根本不關我事！」

查理問：「做甚麼實驗要燒手帕？」

米奧抹了抹額頭上的汗，說：「熊貓博士想我們做一個實驗，就是將一條舊的手帕攤平，然後放入兩枚一元硬幣後用手攢緊手帕，再拿燃燒着的蠟燭去『辣』包住硬幣的手帕一會兒，看看手帕到底會不會『辣』穿……我夠膽發誓，我只用蠟燭『辣』了手帕一秒，根本不可能燙壞這條手帕！」

九尾狐卻哼了一聲，說：「怎可能用蠟燭的火燒手帕都不會燒破？根本不可能做到！」

查理終於知道了來龍去脈了，於是便笑着說：「哦！那十分簡單！我們再用九尾狐的手帕試做一次實驗，就可以知道米奧到底有沒有燒壞她的手帕了！」

查理說完後，便向九尾狐借來手帕，將兩枚一元硬幣放在手帕內然後用手攢緊，用燒著的蠟燭去燒包住硬幣的手帕位置，一秒後立即移開蠟燭。

他們再看向手帕時，果然發現手帕根本沒有被「辣」穿！

九尾狐卻不肯相信，說：「手帕是易燃的物品，我們用火燒一下都可以『辣』穿，怎麼可能包住硬幣就不會『辣』穿？而且我的手帕的確有個燒孔，這又怎麼解釋？」

這時剛進入屋的黑客輕咳了一聲，一臉尷尬地說：「其實是我今早煮早餐時不小心將這條手帕燒穿的……」

九尾狐聽到後，也和黑客一樣尷尬起來。

科學小解釋

　　包住兩枚硬幣的手帕不會輕易被燒破，是因為硬幣是金屬，而金屬的導熱性良好，所以當蠟燭接觸到手帕後，蠟燭的熱量很快就被硬幣分散了，手帕便不會被「辣」穿。

　　不過當然，如果蠟燭的火焰接觸手帕的時間太久，令熱量不能得到散發，手帕也會被「辣」穿。

1. 準備一條手帕和兩枚硬幣。另外，燃起一根蠟燭。

2. 放入兩枚一元硬幣後用手攢緊手帕，用蠟燭的火去燒，會發現手帕沒有被「辣」穿。

9. 巧將雞蛋懸浮在水中

熊貓博士這日要考驗自己的弟子，便將他們 4 人喚來學校。

熊貓博士說：「你們跟我學習了這麼久，現在來個小測驗，看你們是否有進步。」

米奧驕傲地哼了一聲，說：「測驗一定難不到我，我咁聰明！」

熊貓博士笑着說：「測驗的確十分簡單。」他拿出一個玻璃瓶、一隻雞蛋、一包鹽和水，繼續說：「你們在玻璃瓶中加水，再將雞蛋放在水中，誰可令雞蛋懸浮在水中就合格了！」

米奧大笑了兩聲，說:「有幾難？」說完便將水注入玻璃瓶中，再放入雞蛋，怎知道，雞蛋竟然快速沉在瓶底。

米奧面紅耳熱地看着眼前的情況，囁囁嚅嚅地說：「怎麼可能？雞蛋怎麼不會浮在水面的？」

黑客毫不掩飾地大笑了起來，說：「懶聰明！雞蛋的密度大過淡水，一定會沉在瓶底的！等我表演吧！」

黑客一說完，便動作迅速地煮熱了水，再放入一包鹽，令鹽可以在水中溶解變成鹽水，再將雞蛋放在玻璃瓶中，已經可以見到雞蛋在瓶中浮了起來！

黑客做完後，得意洋洋地看着查理，說：「因為鹽水的密度比淡水高，因此只要水中的鹽量夠多，無論雞蛋是大是小，都可以浮在鹽水面上，這不是十分簡單嗎？原理就好像巴勒斯坦的死海一樣，由於死海是全球最鹹的鹽水湖，所以任何人都可以輕易浮在水面！」

熊貓博士笑着說：「雖然你的理論和實驗做得不錯，不過你卻聽錯了我的要求——我的要求是**令雞蛋懸浮在水中，而不是浮在水面上**！」

黑客聽到熊貓博士這麼說，也不得不像米奧一樣面紅耳熱地站在旁邊，不敢作聲。

熊貓博士對着查理說：「查理，你知道如何做才可以令雞蛋懸浮在水中嗎？」

查理笑了笑踏前一步，只是做了幾個步驟，雞蛋就懸浮在水中了！到底查理是怎麼做到的呢？

查理說：「剛才黑客說的沒錯，因為鹽水的密度比淡水大，因此雞蛋可以

浮在水面上，而我後來注入的淡水比鹽水的密度小，慢慢減少了鹽水的密度，因此雞蛋便可以在鹽水和淡中懸浮起來了！」

 科學小解釋

其實，查理頭幾個步驟都跟黑客一樣，首先煮熱了水，再放入一包鹽，令鹽可以在水中溶解變成鹽水，將鹽水倒進瓶中，直到注滿了一半的份量，接着將雞蛋放入玻璃瓶中，令雞蛋浮在水面上，然後再慢慢將淡水沿着玻璃瓶的瓶壁倒進去，直到淡水載滿了整個玻璃瓶，已經可以見到雞蛋在玻璃瓶中載浮載沉了！

查理得意盈盈地展示雞蛋浮在水中的效果：就是雞蛋沉入水底，以及雞蛋浮在水上。

10. 倒不滿的啤酒杯

「熊貓博士！」華探長抱住一枝啤酒和一隻杯，很興奮地叫住熊貓博士，說：「熊貓博士！我買了一隻很厲害的杯子，無論如何倒啤酒，都永遠倒不滿的！」

熊貓博士奇怪地問：「倒不滿的啤酒杯？」

華探長激動地說：「剛剛有一個道長說他有一個法寶，只要跟足他的方法

來倒啤酒，就永遠不會倒瀉，他更說本來這件法寶不肯賣的，但見跟我有緣，所以才肯用 $1000 賣給我......」

熊貓博士一聽立即心知不妙，問：「你是不是又被人騙啊？」

華探長卻斬釘截鐵地說：「無可能！道長親自示範過給我看的！你看，我將啤酒樽整個垂直往空的玻璃杯裡倒酒，眼看快要溢出來的時候，啤酒卻停住不再上升了！是不是很神奇呢！」華探長一邊說一邊親身示範，完成後更得意地看着熊貓博士，想得到他的讚賞。

熊貓博士見狀卻嘆了一口氣，搖搖頭說：「我都說你被人騙了！不需要用這個道士的法寶，用任何一瓶啤酒、汽水或水、空杯子，都可以做到這個神奇的效果！」

華探長卻不相信，忿忿不平地說：「不可能！」

熊貓博士便取出一瓶汽水和一隻杯子，跟足華探長的步驟來示範，果然汽水到了差不多溢出來時，同樣停止湧出來了。為甚麼這麼神奇呢？

 科學小解釋

這是利用大氣壓力原理所玩的魔術。

杯中水面上有股大氣壓力壓著，當這股力量和汽水樽內的空氣及剩餘汽水的重量相等，也就是達到平衡時，樽內的汽水就會停止流出。

1. 準備一支盛滿水的水樽，向水杯裡倒水。

2. 將水樽整個垂直往玻璃杯裡倒水，眼看水快要溢出來的時候，水卻停住不再上升了！

11. 失敗的整蠱計劃

　　黑客和九尾狐兩夫婦最喜愛作惡，黑客人如其名，專門攻擊他人電腦，把竊取得來的機密資料販賣賺錢；九尾狐則終日流連商場或大街小巷做扒手，偷取別人財物；或趁人家父母不留神，欺負手無寸鐵的孩子。

　　這天，九尾狐到香村聞名的金魚街閒逛，這裡人山人海，很多父母拖着子女選購金魚，很多少男少女手拖手到這裡購買養魚用品，人人臉上都掛着歡欣的笑容，只有蠱惑的九尾狐一個人不懷好意。

　　就在此時，有個4歲的小孩子拿着一個裝滿金魚的膠袋子，在街上蹦蹦亂跳，好一副自得其樂的神情。他的父親還在店裡全神貫注地選購金魚，明顯沒有留意兒子已獨個兒溜到街上玩。

不懷好意的九尾狐

　　九尾狐又想到了整蠱人的鬼主意了！她從腰包裡掏出一支尖尖的鉛筆，以迅雷不及掩耳的速度直插入裝滿金魚的膠袋子裡，她一心想戳穿膠袋，令膠袋漏水，孩子就無法把活生生的金魚帶回家，九尾狐最想聽到孩子哭著叫媽的呼喊聲。

　　奇怪的現象出現了！明明鉛筆已插入水袋，但水卻沒有漏出來，金魚仍舊在水裡游來游去，悠然自得，孩子見狀反而笑得更開心，更興奮。九尾狐整蠱人不成，直把她氣得暴跳如雷。

 科學小解釋

　　膠袋有遇熱收縮的特性，當鉛筆快速地插入膠袋時，不要拔出，摩擦所產生的熱會令膠袋的分子緊縮，令破口和鉛筆緊密地連接起來，所以水不會漏出來。

把筆直插入水袋裡，袋內的水沒有漏出。

12. 查理的生日派對（上）

Happy Birthday to you !
Happy Birthday to you !
Happy Birthday to Charles !
Happy Birthday to you !

眾人唱完生日歌後，拍手歡呼。

在「壽星仔」查理偵探的生日會上，賓客如雲，當中許多賓客更是受過查理仗義幫忙的恩惠。

「多謝！多謝！」查理望着面前那 4 呎高的芝士型 3D 大蛋糕，興奮莫名，幾乎不能言語，只能機械式地說「多謝」。

派對上，除了芝士型 3D 大蛋糕，還有很多大人和小朋友都喜愛的美食和飲品。

「慢慢喝，還有很多包果汁。看你這副猴擒的樣子，喝得滿頭大汗了，真笑死人！」一位媽媽一邊說，一邊替孩子抹汗。

「不，我不想這樣的，輕輕吸吮是吸不到的，要很用力才吸到。」孩子嚷着說。

「哪有這道理！輕輕吸不就行了？」母親二話不說，就拿了兒子的果汁來喝，「咦？奇怪啦！真的要很用力才吸到果汁上來，難道果汁有問題？」

這位母親越想越怕，不禁驚叫起來：「果汁有問題，大家別喝啊！」

其他人聽到這位母親在大叫，都馬上靜止起來，回望過來看個究竟，查理也趕過來看看。

果汁出了問題？

查理端起果汁來聞，又扭捏吸管反覆查看，終於有新發現。

「我明白了，問題不在果汁，而是在飲管！大家湊近一點來看看，這支飲管上有缺口，從缺口所見，小孩子一定有咬飲管的習慣，一邊喝一邊咬，結果咬破了飲管。這個缺口就是導致吸吮困難的原因。」查理詳細解釋。

1. 正常情況下，用吸管來吸啜液體時，我們的嘴就像一個真空泵，吸氣時口腔的氣壓降低，外圍環境的大氣壓力會把液體壓進口腔，所以才能喝到東西。

2. 筆者刻意在飲管剪開一個裂縫，結果，無論如何捏緊拳頭、出盡全身的力氣，也無法把飲料吸入口。

13. 查理的生日派對（下）

查理偵探心思細密，眼光銳利，果汁的問題原來只是虛驚一場，派對又回復喧鬧，賓客又再度狂歡起來。

「查理偵探，我剛煮熟了 5 隻紅雞蛋，送給你做生日禮物。」一個婆婆走到查理跟前，微笑著說。

查理一眼就認出，這位婆婆就是 3 年前維園劫殺案中被害男子的遺孀。

「婆婆，3 年沒見，你好嗎？」查理溫柔地問。

「好，婆婆好好，多得你當年神機妙算，才令賊人成功落網，我先夫才死得瞑目。」婆婆說時，不禁眼眨淚光。

「別客氣，這是我應該做的。婆婆，你要堅強生活下去。」查理拍一拍婆婆的膊頭，表示支持。

科學小解釋

「我一定會！啊——！紅雞蛋要趁熱吃，我替你剝殼。」婆婆把雞蛋拿出來開始剝殼。

「嗦——嗦——嗦——嗦——好熱好熱。」雞蛋剛剛煮熟，熱氣直冒，婆婆一邊剝殼，一邊喊熱。查理見婆婆剝殼時有點手足無措，甚至連蛋白都剝了出來，不禁笑了出來。

「婆婆，不如我幫幫你，如果剝蛋殼時不想連蛋白都剝出來，要用一些小技巧。」查理說完後便轉身去取了一盤冷水，接著，把紅雞蛋放進冷水中浸一會，結果，浸過冷水的雞蛋，剝起殼來果然很輕鬆容易，不會出現「黐殼」的情況。

婆婆拍手讚好，驚歎道：「查理偵探不但查案了得，原來也是家事常識專家，真佩服！」

 ## 科學小解釋

雞蛋是由堅硬的蛋殼、柔軟的蛋白和蛋黃所組成，它們冷縮熱脹的速度不一樣。熱雞蛋浸冷水後，蛋殼溫度降低，很快就會收縮，而蛋白仍然是原來的溫度，還未能及時收縮。隨後蛋白才因溫度降低而逐漸收縮，蛋白與蛋殼便會分離，剝蛋時會更輕鬆。

在生日會上，查理拿著雞蛋即席玩了個小魔術，在場的賓客無不嘖嘖稱奇！他利用氣壓的原理，令雞蛋穿過小瓶口，跌入瓶內。

1. 把雞蛋煮熟後剝殼，再放在玻璃瓶口，由於瓶口細過雞蛋，雞蛋無法通過。

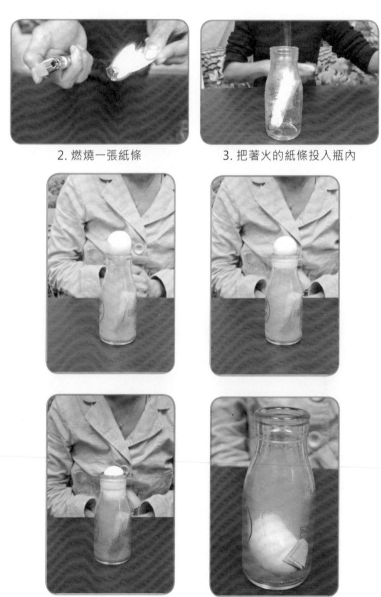

2. 燃燒一張紙條

3. 把著火的紙條投入瓶內

4. 把雞蛋放上瓶口，火熄後不久，完整的雞蛋慢慢會跌入樽內。

14. 黑客轉性

入冬後冷鋒頻頻來襲，溫度持續下降，米奧受不住寒冷的氣溫，終於病倒了。連續幾天米奧咳嗽連連，晚上又受著鼻塞的煎熬，在床上翻來覆去，總是沒有睡得好。適逢查理外出公幹，只剩下米奧一個可憐兮兮地獨留在家。

這天，米奧一朝醒來，病情似乎加重了，暈頭轉向，眼冒金光。他軟癱在沙發上急促地喘氣，不一會兒，又再劇烈地咳嗽。因為米奧的大門打開，只關鐵閘，咳聲很快傳遍整個走廊。

米奧不聽勸解

這時，米奧肌腸轆轆，又渴又餓。他打開雪櫃一看，除了兩顆雞蛋，就甚麼都沒有了。

「唉，兩顆雞蛋怎吃得飽，但全身無力，怎有力氣上超市買餸。算吧！有這兩顆雞蛋頂肚，都寥勝於無。」米奧嘀咕道。

米奧撐著疲累的身軀，跌跌撞撞地拐到廚房去，打開微波爐，然後把兩顆雞蛋和一杯水放進去叮熱。

「你不能把雞蛋和水放入微波爐叮，會爆炸的。」鐵閘門外突然傳來一把聲音，把米奧嚇了一跳。

「是誰鬼鬼崇崇躲在一角說話！光天化日扮鬼嚇人嗎？」米奧怒吼道。

米奧扭頭一看，原來是黑客。

「黑客，我病得很嚴重，放過我吧！別再欺負我。」米奧求饒道。

黑客失笑地說：「我愛以作弄你為樂，但沒想過要弄死你。你不能把雞蛋和水放入微波爐叮，會爆炸的，你想提早到地府報到嗎？」

「你——咳咳咳——！」米奧一動氣，禁不住又咳起來了。

「**真的會爆炸！**」黑客繼續說，但米奧沒有理會，還一腳把大門關上。

雞蛋爆開了

焦急的黑客在門外繼續大叫道：「微波爐的微波可以穿透蛋殼，令雞蛋內部首先開始加熱，但雞蛋的硬殼會將熱力鎖住，蛋內液體好像一枚小炸彈似的，隨時會逼爆蛋殼，濺傷你的。」

「嚇唬我嗎？黑客，我才不信你！」米奧不聽勸解，繼續罵道。

「我騙你做甚麼？最近就有一個男人因被蛋液濺盲眼睛，雖然我不喜歡你，但我不會見死不救的。」黑客的語氣很認真，米奧不禁吃了一驚。

就在此時，傳來「叮」一聲，表示微波爐已完成加熱了。

米奧小心翼翼打開微波爐，並打量著裡面的雞蛋。果然，黑客所言非虛，蛋殼真的爆開了，裡面的蛋漿四濺。幸好米奧早有防範，瞬即閃開，並無受傷。

米奧心存感激，但忍不住也要揶揄黑客幾句，說：「黑客，你轉性了，竟會出手幫忙！」

米奧用微波爐叮雞蛋，打開雞蛋，裡面的蛋漿四濺。

科學小解釋

將未剝殼的生雞蛋放入微波爐烹煮，會引致雞蛋「爆炸」，很容易被高溫蛋漿灼傷。即使將一隻剝殼後的生雞蛋放入微波爐，同樣危險。因蛋黃仍有一層蛋白薄膜包住，當蛋黃被微波加熱，薄膜便會發揮類似蛋殼的功能，將蛋黃的熱力「鎖住」，若我們搖晃太陽蛋，或企圖刺穿蛋黃檢驗是否熟透時，蛋黃內不穩定的液體便會逼爆薄膜，或從刺穿的裂口併發和濺出來。

用微波爐叮水，在水中放茶葉，水如噴泉般滾出來。

此外，用微波爐叮水也要小心！原因是用微波爐叮水時，水會處於靜止狀態，即使高溫至沸點，仍不會出現沸騰現象，看不見水泡。如果你立即加入茶葉泡茶，外來物的出現將會破壞水的靜止狀態，令水如噴泉般滾出來，有灼傷危險。

15. 老虎狗減肥歷險記

「痛——！很痛——！救我啊——！」

醫護人員迅速把華探長從救護車抬下來，再推到急症室。華探長背部慘被燒傷，他痛得全身顫抖，冷汗直冒，臉容扭曲。

治療期間，查理和米奧趕來醫院了。眼利的查理在布簾縫隙間瞥見華探長的狗頭，馬上趨前問個究竟。

「先生，病人接受治療中，你們在外面先坐着等候吧！」護士出言阻止，並用身軀阻擋着查理前進。

查理和米奧惟有在病床外的座位處等候，華探長痛苦呻吟聲及尖叫聲此起彼落，聽得兩人毛管直豎。

「華探長不是在美容院做 Facial 嗎？為甚麼會弄到背部被燒傷呢？」查理不解地問。

「我不知詳情，華探長只在電話裡說自己被燒傷，叫我們趕來醫院看望。」米奧聳聳肩，攤開雙手說。

拔罐減肥惹禍

半小時過去了，護士拉開布簾，準備把華探長推上病房，並着查理和米奧替華探長辦理入院手續。

辦好入院手續後，查理一個箭步跑到華探長牀前慰問。

「華探長，你感覺怎樣？」查理輕聲地問。

「痛，傷口仍很痛——！」華探長扒在病牀上，吃力地說。

「你不是去做 Facial 嗎？怎麼搞到被燒傷？」查理問。

「拔……罐……，美容師替我拔罐……」華探長說時軟弱無力。

「拔罐？」米奧不禁把嗓子扯高八度。

「美容師說……拔罐可以減肥，所以……」華探長說時傷口仍在痛，他用力地咬着牙根。

「噗吱——！減肥？你減肥？」查理失聲大笑。

「師兄，你最近忙於查案，有所不知了。華探長暗戀了一個女孩子，但女孩子不喜歡肥狗，他為了討人歡心，所以走去減肥。不過，拔罐竟可以減肥？」

米奧踢爆了華探長的秘密，令華探長尷尬不已。他身受重傷，無力還擊，惟有把頭扭過別處裝睡。

「咳——！華探長，醫生說你要留醫兩、三天，我們去買些食物和個人用品給你，你現在先好好休息。」查理藉詞打圓場，再拉着米奧一起離開。

罐子吸實皮膚的秘密

「米奧，華探長的秘密你悄悄告訴我就行了，何必當眾踢爆呢？」查理帶著責怪的意味問。

「啊......師兄，為甚麼拔罐竟可釀成皮膚燒傷？」米奧見到查理似有怒意，試圖扯開話題。

「拔罐有驅寒、祛濕、疏通經絡和紓緩肌肉疲勞的功效，拔罐時，醫師會先用火把拔罐燒熱，再利用吸力吸實皮膚，若拔罐時間太久，罐內的熱空氣會弄傷皮膚。」查理解釋道。

「小小的罐竟可緊緊地吸實皮膚？」米奧搖搖頭說。

「我們先去醫肚，一邊說一邊解釋。」查理向着餐廳的方向走去。

科學小解釋

剛巧餐廳裡每張餐桌都放有一個小燭台，查理就地取材，繼續闡釋拔罐的原理。

1. 在大碗裡，放一根蠟燭，再點燃起來。

2. 在碟子裡加水，再用杯子罩住蠟燭。

3. 在蠟燭熄滅的瞬間，碟子裡的水一轉眼全被吸到杯子裡。

「嘩，好神奇啊！好像變魔術一樣，外面的水自動走入去。」米奧看得嘖嘖稱奇。

「燃燒，會使得罐子裡的空氣膨脹，氣壓會急速下降，這時，杯外的氣壓就會高過杯裡的氣壓，氣壓把杯外的水壓進杯子裡。與拔火罐的情形一樣，燃燒令火罐內的氣壓減少，外面的氣壓就將皮膚啜入火罐裡，把皮膚牢牢地啜實。」

「拔罐原來包含着這個科學原理，嘩，如果罐內的空氣太熱，罐子又啜實皮膚無法拔出，情形很危險啊！」米奧說時瞪大眼睛地。

「對啊，替人拔罐的醫師一定要經過專業訓練，華探長今次減肥減出禍了。」查理不禁搖頭嘆息。

16. 你一定要原諒我！

兩天前，查理忙著查案，竟然把夢夢的約會忘記了，累夢夢在戲院門外等了一個晚上！

夢夢很生氣，連續兩天都不願接聽查理的電話。

「糟糕了，糟糕了，夢夢不接聽我的電話，連 Whatsapp 訊息都不看。」查理雙手抱頭，不斷搖頭嘆息。

「你去她家找她吧！」米奧說。

「我去過了，但她不願開門給我。」查理哭喪著臉道。

「今晚她不是上烹飪班嗎？你去接她放學吧！」米奧建議道。

「對，今晚她要上烹飪班，我要去找她，當面向她道歉。」查理說完，馬上動身趕去夢夢上課的地點。

查理抵步時，剛好是下課的時候。查理一見到夢夢的身影，馬上趨前拉著夢夢不讓她走。「夢夢，夢夢，對不起，我忙著查案，竟然忘記了你我的約會。你原諒我吧！」

夢夢別過臉去，不願正面看查理。她埋怨道：「你忙於工作，我不會怪你。但你來不到看戲，也應先給我一個電話，別讓我在戲院門外白等你一個晚上。我不會原諒你的。」

查理焦急地說：「夢夢，下不為例，請原諒我。」

「我不會原諒你的，」夢夢拾起用來篩麵粉用的網杓，對著查理說：「你想我原諒你，除非網杓可裝水。」

夢夢竟提出這個不可能的要求，明顯怒意未消，有意為難查理。

「夢夢，我能用網杓裝水，你就原諒我嗎？好吧，我辦得到的！」查理說完，就將網杓蓋在裝滿水的杯子上，再用手掌將網杓整個蓋住。接著，用另一隻手拿好杯子，迅速將整個杯子反轉。用原本拿杯子的手去握網杓的長柄，再將原來壓杓的手慢慢移開。水居然不會漏出來，真不可思議了！

「夢夢，你要原諒我啦！」查理得意地說。

夢夢看到這奇景，驚歎不已，再沒法生氣下去。其他同班同學也拍手讚賞，對夢夢有如此聰明的男朋友，非常羨慕。

1. 在杯子裡盛滿水

2. 用網杓罩著杯口

3. 用手按實網杓

4. 準備把杯子連網杓一齊反轉

4. 看！滴水不漏！

 科學小解釋

　　水有表面張力，這是水分子之間互相吸引所形成的力量。再加上被水覆蓋的網杓表面，受到向上的大氣壓力，可頂住網眼的水，所以水不會從網杓漏出來。